Arthur Maibach

Lilie des Todes

Uhren-, Zeit- und andere Geschichten, Anekdoten aus meinem Uhrenatelier

Arthur Maibach

Lilie des Todes

Uhren-, Zeit- und andere Geschichten
Anekdoten aus meinem Uhrenatelier

Spiezer Veröffentlichungen
zu Geschichte und Heimatkunde
Herausgegeben von Arthur Maibach

5

Rediroma-Verlag

Bibliografische Information der Deutschen Nationalbibliothek:
Die Deutsche Nationalbibliothek verzeichnet diese Publikation in der Deutschen Nationalbibliografie; detaillierte bibliografische Daten sind im Internet über http://dnb.ddb.de abrufbar.

ISBN 978-3-96103-253-2

www.rediroma-verlag.de
13,95 Euro (D)
15,00 CHF

Jede Uhr, welche zur Restaurierung in mein Atelier gebracht wurde, erzählte mir ihre Geschichte.

Arthur Maibach

Inhalt

Vorwort

Zu Recht werden Sie sich fragen, was Spiez mit Geschichten über Uhren zu tun hat. Auf den ersten Blick sicher gar nichts. Wer jedoch genau hinschaut und auch die Nebensträsschen von Spiez kennt, weiss, wo das Uhrenatelier ART-UHR ist. Ein Atelier, in dem nicht nur Uhren restauriert werden, sondern auch Stunden geschenkt werden. Zeit ist das Kostbarste und Wertvollste, was der Mensch zur Verfügung hat. Jedoch ist der Mensch seit einiger Zeit nicht mehr fähig, mit diesem Geschenk umzugehen. Ein Geschenk, von dem jeder täglich exakt gleichviel erhält.

Mit diesem fünften Band der „Spiezer Veröffentlichungen für Geschichte und Heimatkunde" möchte ich einigen Uhren das Wort erteilen und diese sprechen lassen. Uhren, welche in mein Atelier gebracht wurden, um wieder zum „Laufen" gebracht zu werden. Oft waren Uhren dabei, die mir ihre Geschichte erzählten. Und diese Geschichten möchte ich mit diesem kleinen Buch weitergeben, um sie vor dem Vergessen zu bewahren. Dabei soll aber auch die Philosophie nicht zu kurz kommen, wurde ich doch von einem Reporter der Zeitung „Berner Oberländer" „Philosoph" genannt. So durfte ich einmal einen Vortrag zum Thema „Der philosophische Umgang mit der Zeit" halten.

Durch meine Arbeit, dem Restaurieren von mechanischen Uhren, kam ich in einsamen Stunden auch mal ins Grübeln, Studieren und Philosophieren. Ich konnte mit vielen Kunden nicht nur über die Reparatur einer Uhr sprechen, sondern auch über den Umgang mit der Zeit. So sind schon spannende, interessante und angeregte Gespräche entstanden, die manchmal einen halben Nachmittag dauerten. Oft jedoch sitze ich alleine im Atelier und mache mir Gedanken über die Zeit und über die Zeitmessung. Kann Zeit denn überhaupt gemessen werden? Was ist Zeit? Diese und viele andere Fragen beschäftigten mich in den letzten zwanzig Jahren, Fragen, die ich zu Papier gebracht habe, Fragen, zu denen ich Antworten suchte, die ich in eines meiner vielen Notizbücher schrieb. Das Ergebnis dieser nachdenklichen Stunden machen den Schluss dieses kleinen Büchleins.

Möge es gelingen, dass diese Worte Freude bereiten, zum Nachdenken anregen und im Umgang mit den Stunden, welche uns geschenkt sind, sorgfältig und bewusst Einfluss haben.

Eine Dame aus Berlin

Jeweils in der Sommersaison besuchen öfters Touristen mein kleines Atelier. Eine ältere Dame war schon eine längere Zeit vor dem Schaufenster, bevor sie die Türe öffnete und eintrat. Sie grüsste freundlich und bat mich, dem beruhigenden gleichmässigen Klang der mechanischen Uhren horchen zu dürfen. Die Augen auf die verschiedenen Wand- und Standuhren gerichtet, dem sanften Tick-Tack und dem Geläute der Stundenschläge horchend, verweilte diese elegant gekleidete Frau in Gedanken versunken eine längere Zeit. Ich legte meine Arbeit nieder und schaute der Dame beim Schauen zu.

„Danke“, sagte sie eher leise, „Danke, dass ich bei Ihnen Ruhe finden konnte.“

Sie griff in ihr kleines braunes Ledertäschchen und zog an einer silbernen Kette eine Taschenuhr heraus, welche sie mit grosser Ehrfurcht in meine Hand legte. Diese sei von ihrem Vater, ein Erbstück, welches sie immer mit sich trug. Es handelte sich bei der Taschenuhr um eine „Zenith„ mit einem guten, jedoch einfachen Werk. Auf dem Boden war eine Abbildung des Wilhelm Tell. Die massiven Gebrauchsspuren wiesen darauf hin, dass die Uhr über sehr lange Zeit getragen und gebraucht wurde. Vorsichtig öffnete ich die Schale um einen Blick auf das Uhrwerk zu werfen. Das

Werk war sehr sauber, die Schrauben nicht verletzt und es waren keine Spuren von unsachgemässen „Reparaturen“ zu sehen. Mit grosser Vorsicht und ohne Kraftanwendung nahm ich die Krone zwischen Daumen und Zeigefinger und machte einige sanfte Drehungen, mit denen ich der Zugfeder, welche total entspannt war, neue Spannung gab. Schon nach wenigen Umdrehungen der Krone begann die „Unruh“ zu atmen. Die schnellen, gleichmässigen Halbdrehungen und ein klar klingendes leises Tick-Tack wiesen auf ein sauberes, gesundes und gutes Uhrwerk hin. Nach dem Zuschliessen des Bodens übergab ich das schöne Stück, in beiden Händen haltend, in die offene Hand der Dame. Sie nahm diese, auch mit beiden Händen, betrachtete sie, legte sie sanft ans Ohr und lauschte dem leisen metallischen, gleichmässigen und unverwechselbaren Klang. Ihre Augen leuchteten und eine wohltuende Ruhe ging von den Gesichtszügen der glücklichen älteren Dame aus, deren Name ich nicht weiss.

Noch einige Augenblicke, sie mit der Uhr am Ohr, ich sie ansehend, standen wir fast regungslos im Atelier. Eine kurze Zeit des absoluten Glücksgefühls, welches mit nichts zu vergleichen ist. Sie komme aus Berlin, sagte sie nach einer Weile, „und wenn ich das nächste Mal in der Schweiz bin, besuche ich Sie wieder“. Mit diesen Worten legte die Dame aus Berlin die Uhr in ihr Täschchen, verabschiedete sich mit einem sanften Händedruck und ging mit ihrem langsamen würdigen Schritt ihren Weg.

Ein Jahr später, wieder ein warmer sonniger Sommertag, auf meinem Tisch lag eine zerlegte Comtoise Uhr, wurde die Tür zum Atelier geöffnet und eine ältere Frau mit lieblichem Gesicht und strahlenden Augen betrat meinen tickenden Raum. Sie nahm die Taschenuhr mit dem Tellmotiv aus dem braunen Täschchen, legte diese auf den Tresen, schaute mich an und sagte: „Ich lebe alleine in Berlin, habe keine Kinder oder sonstige Angehörige, so habe ich beschlossen, diese Uhr jemandem zu schenken, der einen Bezug und Liebe zu dieser Uhr hat. Irgendwann, wenn ich fühle es ist an der Zeit, wenn ich zum letzten Mal nach Spiez komme, werde ich diese Taschenuhr Ihnen schenken. Sie sind die einzige Person, die mir und der Uhr so nahe steht." Nach einer Weile nahm sie die Uhr, legte sie in ihr Täschchen und verliess mit einem sanften Lächeln mein Atelier.

Nur ein paar Tage später besuchte die Berlinerin mein Atelier erneut. Wieder legte sie die Uhr auf den Tresen mit dem Worten: „Nun ist die Zeit gekommen, Ihnen die Uhr zu schenken. Niemand weiss ob ich noch einmal eine so weite Reise antreten kann. Sie legte mir die Uhr in die Hände, mit den Worten: „Ich weiss, dass diese Uhr nun am rechten Ort und in den richtigen Händen ist."

Danach habe ich die liebliche Frau aus Berlin, deren Namen ich nicht kenne, nie mehr gesehen. Die Uhr jedoch halte ich in Ehren, drehe manchmal ganz sachte an der Krone und lausche dem mit vielen Erinnerungen beladenen Tick-Tack.

Die Uhr der Geschwister K.

Die Uhr und den folgenden Text erhielt ich von Frau K. im April 2010

Erinnerungen einer alten Wanduhr

Als ich zu existieren begann, hatten die Menschen soeben den Zweiten Weltkrieg beendet. Ich wurde über einer Essecke aus Arvenholz an der Wand befestigt und blieb zeitlebens eng mit dieser Essecke verbunden. Die Arvenholzstühle, die Essbank und der Tisch sahen mir ähnlich, obwohl ich nicht aus derselben Werkstatt kam und bestimmt auch nicht aus demselben Stück Holz. Ein Mann zog mich mit einem grossen Schlüssel auf und tief in mir drin fingen Rädchen an zu drehen, das Uhrwerk setzte sich in Bewegung.

Von dem Moment an bestimmte ich Zeit und Rhythmus der Menschen, die sich regelmässig an den Tisch setzten. Die Familie wuchs und ich war jahrein, jahraus Zeugin aller Geschehnisse. Nichts entging mir und ich nahm alles in mir auf. Alle Ereignisse wurden durch meine Zeitangabe geprägt. Ich erinnerte sie an Termine und Abmachungen. Durch den Klang meines Geläutes bekräftigte ich den Ablauf der Zeit. Es entstand eine solide Abhängigkeit. Zum Stillstand kam ich bei Umzügen. Jedes Mal hing ich sehr bald wieder an der Wand und setzte meine Tätigkeit fort, sobald ich aufgezogen war. Kam mein Inneres in die Jahre, wurde ich regelmässig mit viel Sorgfalt revidiert und wieder zum Ticken gebracht.

In all den Jahren habe ich vieles mitbekommen, viele Ereignisse miterlebt. Fröhliche, turbulente, stille, gute und schlechte, spannende und langweilige, provozierende und ermutigende, blamable und rühmliche, streitsüchtige und versöhnliche. Geschichten des Lebens eben; alles, was eine erfüllte Existenz ausmacht.

Als der Mann starb, welcher mich wöchentlich aufzog, und der Haushalt aufgelöst wurde, hatte niemand Verwendung für mich. Ich wurde in eine Plastiktasche verpackt und zuoberst in einen Schrank gelegt. Ab und zu erhaschte ich einen Blick. Die beiden alten Töchter lassen mich hier oben liegen, aus Pietät, wie sie sagen.

Endlich scheint sich die eine meiner zu erbarmen. Bald werde ich aus meiner misslichen Lage befreit

Nun hat mich Arthur Maibach, der Uhrenmacher aus Spiez, bei sich aufgenommen, wo ich in seiner Werkstatt ein Plätzli gefunden habe. Und wenn die beiden Schwestern dereinst das Zeitliche gesegnet haben, werde ich immer noch existieren, vielleicht stumm, vielleicht tickend ... wer weiss.

Diese Uhr ist noch immer in meinem Atelier, zusammen mit vielen anderen Uhren, welche auch ihre Geschichten erzählen möchten. Einige werden die Möglichkeit erhalten, andere bleiben stumm. Die Uhr der Geschwister K. jedoch wird mich weiter begleiten, das ist Ehrensache.

Tod des Bruders

Schweissnass erwacht Herr P. aus einem tiefen, unruhigen Schlaf. Er brauchte eine kurze Zeit, um sich zurechtzufinden. Ein Traum, an den er sich nicht mehr erinnern konnte oder sich nicht mehr erinnern wollte, riss ihn aus dem Schlaf. Nach einigen Minuten verlässt er das Bett, welches sich heiss anfühlt. Das T-Shirt ist feucht und die wenigen Haare im Nacken kleben nass auf der geröteten Haut. Der Wecker auf dem niederen Nachttischchen zeigt an, dass es zwei Minuten vor drei Uhr ist. Gleich müsste die Wanduhr, die seinem Bruder gehört, drei Mal schlagen. Herr P. setzt sich auf den Bettrand und wartet. Schon ist drei Uhr vorbei und noch keine Glockenschläge aus dem Wohnzimmer. Noch immer schlaftrunken steht Herr P. auf und wankt sich am Schrank und dem Türrahmen stützend in das Zimmer, in dem die Uhr an der Wand hängt. Das gleichmässige Ticken, das so heimelig und wohltuend jedem eintretenden das Herz erwärmt, ist nicht zu hören. Absolute Stille: Obschon das Uhrwerk erst vor zwei Tagen mit dem Flügelschlüssel vollständig aufgezogen wurde, hängt das Pendel regungslos im hölzernen Gehäuse. Die Uhrzeiger blieben um zwei Uhr zweiunddreissig stehen. Zu dieser Zeit hatte er diesen schlimmen Traum, an den er sich nicht mehr erinnern wollte. Einige Zeit steht er vor der Wanduhr mit dem weissen Emailzifferblatt und den schwarzen Uhrzeigern, die nun ohne Energie wie tot den Raum in eine unnatürliche Stille hüllt. Das Pendel schwingt nicht, kein leises Tick-Tack, keine Bewegung des Hammers, der zu jeder vollen und halben Stunde schlägt. Nichts, absolute Ruhe. Nur die leisen Atemzüge von Herr P. schenken dem Raum ein bisschen Leben. Er lässt die Uhr so, wie sie ist, geht in die Küche, nimmt einen halbvollen Beutel Milch aus dem Kühlschrank und nimmt sich ein paar grosse Schlucke Milch direkt aus dem Beutel. Danach geht er immer noch schlaftrunken zurück ins finstere und schlecht riechende Schlafzimmer, wo er sich wieder hinlegt. Das Bett ist noch immer heiss und das T-Shirt feucht. Seine Gedanken drehen sich noch um den Traum, an den er sich nicht erinnern will. Die Müdigkeit ist jedoch stärker, sodass der Schlaf die schlechten Gedanken verdrängen kann.

So wie jeden Tag erwacht Herr P., bevor der Wecker seine schrillen, durchdringenden Töne erklingen lassen kann. Noch einmal durchdringt der Traum, an den er sich doch nicht erinnert, sein Gehirn und schmerzt in der Seele. Nach einer warmen Dusche und einem starken Kaffee sind seine Gedanken und Sinne voll auf den kommenden Tag ausgerichtet. Noch bevor er das Haus verlässt, läutet das alte schwarze Telefon, das noch am Festnetz angeschlossen ist. Er nimmt den Hörer, der mit einem typisch geringelten Telefonkabel mit dem Apparat verbunden ist, von der Gabel. Die Stimme seiner Schwägerin erkennt er sofort, die jedoch traurig klingt, so als ob sie geweint hätte oder noch weinen würde. Und wieder ist er da, der Traum. Nur ist es nun nicht mehr ein Traum, sondern es sind die Worte seiner Schwägerin, der Ehefrau seines Bruders, die in San Francisco wohnt. Der Bruder von Herrn P. wurde das Opfer eines Autounfalls, an dessen Folgen er um zwei Uhr zweiunddreissig (Mitteleuropäischer Zeit) erlegen war.

Sein Traum und die Realität werden in diesem Augenblick vereint. Den Traum konnte er noch verdrängen, die Realität jedoch steht nun unausweichlich im Raum. Er hält den schwarzen Telefonhörer in der zitternden Hand, schaut auf die stehen gebliebene Uhr, die die Todeszeit seines Bruders anzeigt, und spürt, wie sich eine Träne aus seinem linken Auge löst und den Mundwinkel mit dem salzigen Tropfen befeuchtet.

Die traurige Kindertheater-Autorin

Ein Nachmittag wie die meisten in den letzten Monaten. Im Atelier ist die Temperatur trotz der Sommerhitze sehr angenehm. Die historischen Uhren, welche zu mir ins Atelier gebracht werden, dürfen keinen grossen Temperatur- und Feuchtigkeitsschwankungen unterworfen sein. Eine Klimaanlage sorgt für ein angenehmes Klima für Mensch und Uhr. Das Klingeln der Glocke an meiner Tür reisst mich aus meinen Gedanken, die voll und ganz einer Schwarzwälder Lackschilduhr gehörten. Die Frau, die eintritt, ist mittelgross eher schlank, mit Beduinenhosen, farbiger Bluse und einem noch farbigeren Foulard bekleidet. Ihr Blick ist ernst, aber auch traurig. Das Gesicht ist gerötet und durch viele, zum Teil eiterige „Pickel" gezeichnet. Sie möchte sich bloss ein bisschen umsehen. Diese Ruhe, dieses Eintauchen in eine andere, verborgene Welt täte ihr gut, sagte die etwa 45 jährige „Hippie-Frau". Sogleich sind wir in ein Gespräch vertieft, ein Gespräch, bei dem ich der Zuhörer und sie die Sprecherin ist. Ich habe sehr schnell das Gefühl, dass es ihr gut tut, mit jemandem zu sprechen, jemanden zu haben, der zuhören kann. Ich lege meine Werkzeuge nieder und öffne meine Ohren, um ihre Sorgen mit ihr zu teilen. Sie sei Autorin und Regisseurin für Kindertheater und wohne in Faulensee. Sie sagt mir, dass sie unglücklich sei, aber auch depressiv und unter Menschen zu leiden habe, welche sie nicht verstehen. Ihre unreine Haut, vor allem im Gesicht, sei ein äusserliches Zeichen ihrer momentan schwierigen Situation. Ihre Worte sind oft ohne Zusammenhang, sodass ich oft nicht weiß, wovon sie spricht. Sie redet, ich höre ihr zu und merke, dass sie nach einiger Zeit erleichtert und ruhiger geworden ist. Nach etwa einer Stunde sagt sie mir, dass sie Freude an Uhren habe, jedoch keine besitze und somit keine Arbeit für mich habe. Sie dankt für den schönen Nachmittag, an dem sie habe Kraft tanken können. Beim Verlassen des Ateliers sagt sie, dass sie wiederkommen werde.

Schon nach einigen Wochen ist diese Frau, die traurige Künstlerin, wieder in meinem Atelier. Noch trauriger als beim ersten Besuch und noch verwirrter. Lange höre ich ihr zu und versuche Trost zu spenden. Jedoch habe ich das Gefühl, dass meine Worte für sie von keinem Interesse sind. Es zählen nur ihre Worte und diese loszuwerden ist ihr von grosser Bedeutung. Ich merke bald, dass sie nach einer gewissen Zeit ruhiger wird. Plötzlich packt sie die Türklinke, verabschiedet sich mit den Worten „Danke fürs Zuhören“ und geht.

Samstagmorgen, die Ateliertür ist offen, schaut die Frau, deren Namen ich nicht weiss, die Frau mit der unreinen Gesichtshaut, die Künstlerin, die Theaterautorin und Regisseurin, ins Atelier und spricht die Worte: „Ich wünsche Ihnen ein gutes und schönes Leben.“ Und weg ist sie. Ich verlasse meinen Arbeitsplatz, gehe zur Tür und will noch etwas sagen. Aber sie ist wie vom Erdboden verschluckt. Ich laufe den Gartenweg hinunter bis zum Coiffeur-Geschäft, schaue mich um, sehe sie jedoch nicht. Danach gehe ich zurück zu meinem Atelier, wo ich noch eine Weile unter meiner Türe stehen bleibe und über ihre letzten Worten nachdenke.

Wie jeden Morgen lese ich die Tageszeitung, es ist der Dienstag nach dem Blitzbesuch der traurigen Frau. Und da sehe ich wieder das Gesicht, das Gesicht der traurigen, müden verzweifelten Frau. Sie wurde in der Region um Sigriswil tot aufgefunden.

Nun bin ich traurig. Ich konnte ihr nicht helfen.

Du musst den Weg zu Ende gehen

Im Herbst des Jahres 2006 brachte mir Herr W. aus Gunten einen Regulator zur Reparatur. Einen kleinen schlichten Regulator mit der Werknummer 185361. Diese Uhr hatte nur einen geringen materiellen, jedoch einen sehr hohen emotionellen Wert. Eine Uhr, ein Kunde, eine Reparatur, wie viele hunderte, die in meinem Atelier ein- und ausgingen. Und doch erkannte ich in dieser Uhr und dem Besitzer etwas ganz Besonderes. Dies wurde mir aber erst zehn Jahre später bewusst. Im Spätsommer des Jahres 2016 kam eine Frau mit einem kleinen Regulator in mein Atelier. Die Frau legte die Uhr auf meinen Tisch und sagte, dass ich die Uhr vor einigen Jahren repariert hätte. Ihr Vater, der Besitzer dieses Regulators, sei verstorben und sie möchte, da niemand diese Uhr haben wolle, diesen mir zum Entsorgen geben. So kamen wir ins Gespräch und Frau F. erzählte mir eine Geschichte, die unter die Haut ging. Noch wusste ich nicht, wem diese Uhr gehörte. Als sie mir jedoch den Namen ihres Vaters nannte, sah ich diesen Mann und seine Wohnung in Gunten vor meinem geistigen Auge. Ich hatte ihm damals die Uhr nach Hause gebracht und war nur sehr kurz in seiner Wohnung. Er hatte nicht viel gesprochen, aber seine hellen, wachen Augen, seine knappen prägnanten Worte hatten etwas Geheimnisvolles.

Eine kurze Begegnung, wie ich sie in all den Jahren viele hatte. Und doch blieb mir diese kurze Begegnung in Erinnerung.

Die Wohnung müsse nun geräumt werden, sagte Frau F. Eine Wohnung voll mit Erinnerungen, welche Herr W mit ins Grab nahm. Nur sehr wenig hatte er von sich und seinem Leben erzählt, ein Teil davon ist diese Uhr, die ihn viele Jahre begleitete. Eine Uhr, die mir nun eine grauenhafte, menschenverachtende, todbringende Geschichte erzählte.

In all dem menschen- und lebensvernichtenden Vegetieren erblühte immer wieder die Hoffnung. Die Hoffnung zum Durchhalten und zum Überleben. Herr W. hielt durch und überlebte, bis er nach einem extrem harten, aber auch erfüllten Leben in Frieden sterben durfte. Er ist den Weg zu Ende gegangen. Und auf einem Teil seines Lebens begleitete ihn diese Uhr. Die Uhr, die er jede Woche einmal aufziehen musste. Wie oft hatte er in all den Jahren das Türchen geöffnet, den Aufzugschlüssel eingesteckt und behutsam, sanft und mit viel Gefühl, aber doch mit Kraft, der Uhr so viel Energie gegeben, dass sie, die Uhr, es ihm verdankte und stets die richtige Zeit anzeigte und schlug. Herr W. ist nun nicht mehr da, die Uhr ist es noch und wird nun mit seiner Geschichte mich begleiten.

Herr W. wurde im Jahr 1945, im Alter von 16 Jahren, zum Wehrdienst eingezogen. Seit fünf Jahren tobte der mörderische Krieg durch Europa. Ein Krieg, der von einem Gefreiten aus Brunau, der im Jahr 1923 erstmals in Erscheinung trat, angefacht wurde. Schon zehn Jahre später gelang ihm mit menschenverachtender Art und Weise, die Macht über Deutschland an sich zu reissen, und wurde vom Volk gewählt. Der 30. Januar 1933 ist dieser Tag der Machtergreifung. Sein Ziel war die Ausrottung der Juden, der Zigeuner, der Dunkelhäutigen und der körperlich Behinderten. Er wollte das dritte Reich und sah sich an der Spitze dessen. Er wurde vom Volk getragen und umjubelt. Er war ihr Führer und führte Deutschland in den Krieg, der sich wie eine blutige Decke über Europa ausbreitete. Sechs Millionen Juden wurden auf grauenhafte Weise vernichtet. Behinderte wurden als lebensunwürdig empfunden und ermordet. Randgruppen, Homosexuelle, Zigeuner und Ungehorsame wurden ausgerottet. Fünfundsechzig Millionen Menschen (65.000.000) Soldaten und Zivilisten mussten ihr Leben lassen, weil ein Mann das so wollte und verursachte.

In dieser schrecklichen Zeit lebte ein Knabe im östlichen Teil Deutschlands. Er erlebte eine harte und entbehrungsreiche Jugendzeit, immer den Tod vor den Augen. Und bevor er richtig zum Mann herangewachsen konnte, wurde er eingezogen.

Nach einer sehr kurzen militärischen Ausbildung musste er im Auftrag der Deutschen Wehrmacht in Richtung Sowjetunion, wo er schon bald in die russische Gefangenschaft kam. Russische Gefangenschaft, Sibirien, das sind Worte, die nichts Gutes an sich haben. Nur sehr wenige Menschen können sich etwas darunter vorstellen. Als junger Mann habe ich im Kino den Film „Ein Tag im Leben des Ivan Desiniovitsch“ gesehen, Ein Film der sich bis zum heutigen Tag in mein Gedächtnis eingeprägt hat. Gefangen, schlechtes Essen, kalte Baracken, kaputte Schuhe, unzureichende Bekleidung, harte Arbeit, lange Märsche, das sind nur ein paar Eindrücke aus dem Leben und Sterben in russischer Gefangenschaft. Was muss in einem noch nicht dem Knabenalter entwachsenen „Kind“ vorgehen, wenn er zu Beginn des Mannwerdens in einen unbeheizten Eisenbahnwagen gestossen wird und tagelang unterwegs ist, ohne zu wissen, wohin die Reise geht. Herr W. musste diese Erfahrung machen. Er wurde nach Sibirien gebracht. Er und viele andere Gefangene litten grauenhafte Schmerzen, waren extremer Kälte ausgesetzt (um 35 Grad Celsius minus), hungerten, wurden krank, viele starben, erfroren oder verhungerten. Irgendwo in der unwirklichen Weite Sibiriens war auch ein ungarischer Oberleutnant, auch er in Gefangenschaft, auch er leidend. Dieser ungarische Oberleutnant schrieb während der Gefangenschaft ein Tagebuch, ein Buch über sein und das Leben und Sterben seiner Mitgefangenen, ein Buch, das er seinen Millionen toten Kameraden widmete. Herr W. und der Oberleutnant waren im gleichen Lager. Da nun Herr W. nach einer langen Zeit aus der Gefangenschaft entlassen wurde, bat ihn der ungarische Oberleutnant, sein Manuskript herauszuschmuggeln und es dem ungarischen Verlag zu bringen, bei dem er vor dem Krieg gearbeitet hatte. Bald darauf wurde auch der Verfasser, der ungarische Oberleutnant, Herr Gyula Zathureczky, aus der Gefangenschaft entlassen. Sein Buch „Du musst den Weg zu Ende gehen" beschreibt das Vegetieren in russischer Gefangenschaft.

Herr W. konnte sich so gut es ging von den unsäglichen Leiden erholen, lernte Käser und lebte in der ehemaligen DDR. Er fand die Frau, die ihn liebte, und sie hatten zusammen eine Tochter. Er war ein Mann, der die Hölle auf Erden erleben musste und Frieden am Thunersee fand, wo er nach einem langen Leben mit vielen Entbehrungen aber auch Freuden, täglich auf die Uhr schauen konnte, welche ihn über eine sehr lange Zeit begleitete, eine Uhr, die nun mir eine Geschichte erzählte. Danke, Frau F., dass Sie mir die Uhr gebracht haben, mir von Ihrem Vater erzählten, sodass ich das Buch vom gefangenen Kameraden lesen konnte. Diese Uhr und ihre Geschichte lassen alle meine kleinen Sorgen und Probleme in

Luft auflösen. Durch diese Uhr fühle ich mich eng mit Herrn W. und seinen Leiden in der Kälte verbunden.

Die Diakonisse

Schon seit einigen Tagen sah ich eine Frau bei meinem Atelier vorbeigehen. Manchmal blieb sie stehen und schaute in das Schaufenster. Eine Frau im Gewand der Diakonissen mit der weissen Kopfbedeckung. Nach einiger Zeit betrat sie meine Werkstatt und sagte, dass sie für ein paar Tage in Spiez zu Besuch bei einer befreundeten Krankenschwester sei. Sie blieb eine kurze Zeit im Atelier stehen und horchte der lauten Stille. Ja, in meinem Atelier ist es eben laut, wenn es still ist. Wobei das Wort Laut mit Sicherheit ausgetauscht werden müsste. Die Stille wird durch eine Geräuschkulisse von verschiedenen „Tick-Tack" unterbrochen. Laute, leise, schnelle, langsame, harte, weiche, zum Teil auch leicht hinkende Tick-Tack verwandeln mein Raum in eine tickende Werkstatt. Obschon diese Töne die Ruhe unterbrechen, herrscht eine wohltuende Ruhe im Uhrenatelier, eben eine laute Ruhe. Es ist wie eine sanfte Melodie, die mit jeder Uhr, die kommt und wieder geht, ein neues Musikstück spielt.

„Schön", sagte die Diakonisse, „diese Ruhe", und hört noch ein Weilchen der Ruhe zu. Ruhe kann so leise sein, dass sie als störend empfunden wird oder so laut, dass sie sich angenehm anhört. So wurde mein Atelier zu einer Oase der lauten Ruhe.

„Ich habe etwas, das ich Ihnen einmal zeigen möchte“, sagte die Diakonisse. Sie lauschte noch eine Weile der lauten Stille und verabschiedete sich freundlich.

Ein Jahr später, etwa zur gleichen Jahreszeit, betrat die Diakonisse wieder mein Atelier und trug sehr vorsichtig eine kleine schwarz-grüne Schachtel in beiden Händen. Sie grüsste freundlich und stellte sich mit ihrem Namen vor. Frau Margrit G. legte die kleine Schachtel ganz vorsichtig auf meinen Tresen und hob den Deckel ab. In Seidenpapier gebettet lag eine sehr schöne Glaskugeltischuhr. Eine Uhr mit zwölf grünen Cartuschen, auf denen silberne Zahlen angebracht waren. Die beiden Uhrzeiger waren mit der grünen Paste gefüllt, welche seit 1950 verboten ist, da der Leuchtstoff „Radium 226“ als krebserregend gilt. Auf dem weissen Zifferblatt war die Aufschrift „System Roskop Patent“ zu lesen. Das „f“ am Schluss vom Wort Roskopf fehlte, das war irgendwie verloren gegangen. Wir betrachteten gemeinsam die Uhr, welche noch immer in der Schachtel auf dem Seidenpapierbett lag. Nach einiger Zeit nahm Frau Margrith G. die Uhr vorsichtig in die Hand und zeigte mir die schräg abgeflachte Unterseite, die einen Riss im sehr dicken Glas hatte. Dieser Riss sei der einzige Schaden, der dieser Uhr bei einem Bombenangriff im Zweiten Weltkrieg zugefügt wurde. Das Haus, der Schreibtisch, auf dem die

Uhr gestanden hatte, alle Möbel wurden zerstört. Nur diese Uhr konnte fast unversehrt aus den Trümmern geborgen werden. Eine Geschichte und eine Uhr, welche die Eltern von Frau G. erlebt und bewahrt hatten. Die Uhr kam in den Besitz von Frau Margrith G. und fand den Weg nach Spiez in mein Atelier, wo nun eine Frau im Diakonissenkleid und ein Uhrmacher vor einer Uhr mit einer unglaublichen Geschichte standen. 65.000.000 Menschen wurden zwischen 1933 bis 1945 vernichtet, viele wurden für immer getrennt, sahen ihre Kinder, ihre Ehefrauen oder Männer, ihre Angehörigen nie mehr. Und doch gab es nach dem Kriegsende wieder Hoffnung, Hoffnung weiterzuleben, Hoffnung nach Frieden, der anhält. Und in dieser toten Zeit kommt in all den Trümmern eine Kugeluhr zum Vorschein, eine Uhr, die den Krieg „überlebt" hatte. Die Person, welche die Uhr aus den staubigen Trümmern holte, hielt diese in den schmutzigen Händen, mit der einen Hand hielt sie sie sanft fest und mit dem Daumen und dem Zeigefinger der anderen Hand drehte sie vorsichtig an der Krone. Mit ein paar wenigen Umdrehungen hauchte sie dieser Uhr wieder Leben ein. Die Uhr atmete wieder, ein leises Tick-Tack war im lauten Lärm der Aufräumarbeiten zu hören. Ein leises Tick-Tack, das daran erinnert, dass das Leben weiter geht. Ein Tick-Tack, welches Mut macht, weiterzuleben, die Trümmer fortzuräumen und das von Menschenhand mutwillig zerstörte Land wieder aufzubauen. Die kleine Kugeluhr gibt den Takt an.

Frau Margrit G. gab mir die Uhr. Sie möchte sich von ihr und ihrer Geschichte lösen. Sie besuchte mich noch zweimal, immer zur gleichen Jahreszeit. Danach sah ich Frau G. nie mehr. Die Uhr jedoch erzählt mir weiter ihre Geschichte. Vom Bombenangriff, von Feuer und Hitze, von schreienden verzweifelten Menschen, von Verletzten und Verstorbenen, von unerträglichem Lärm und unheimlicher Stille von Trümmerfrauen, die die deutschen Städte aufräumten, vom Leben, das genommen wurde und wieder zurückkehrte, begleitet vom leisen Tick-Tack der gläsernen Kugeluhr.

Der Regulator aus den Trümmern

Viele deutsche Städte waren nach dem Zweiten Weltkrieg nur noch Schutt und Asche. Was mit der Machtergreifung am 30. Januar 1933 begann, endete in der grössten Katastrophe, die je von Menschenhand angerichtet wurde. Eine totale Zerstörung, herbeigerufen von einem Fanatiker, unterstützt mit einem von ihm manipulierten Volk. Mit erhobenen Händen, in vollen Stadien und auf riesigen Plätzen schrien sie „Heil, Heil, Heil“ und verehrten diesen unmenschlichsten aller Unmenschen, lobten und priesen ihn wie einen Gott. Nachdem Deutschland und grosse Teile von Europa in Trümmern lagen, nahm sich im Jahr 1945 der Verantwortliche für all dieses Unheil das Leben. Und in all diesen Trümmern konnten Objekte gefunden werden, die diese grauenhafte Geschichte weitererzählen. Geschichten, die immer wieder weitererzählt werden müssen, um diese nie zu vergessen und daraus eine Lehre zu ziehen.

Im November des Jahres 2016 brachte eine Frau aus Deutschland einen kaputten kleinen Regulator in mein Atelier. Das Gehäuse war matt, zerkratzt und mit fehlenden Zierteilen. Auch die Unterseite des Uhrenkastens fehlte zum Teil. Das Zifferblatt war zerkratzt und das Uhrwerk war sehr schmutzig, zum Teil oxidiert. Auf den ersten Blick eine unanschauliche Uhr, die total wertlos schien und auf den Entsorgungshof gebracht werden müsste. Jedoch sagten die Augen der Besitzerin etwas ganz anderes. Schon seit vielen Jahre sei nun diese Uhr in ihrem Besitze und habe in diesem schlimmen Zustande schon manchen Umzug mitgemacht, auch den Umzug aus Deutschland in die Schweiz. Sie habe schon öfters bei Uhrmachern für eine Reparatur nachgefragt, mit immer der gleichen Antwort: „Eine Reparatur lohnt sich nicht, diese Uhr kann nur noch entsorgt werden." Nun aber war die eher kleine, schlanke Frau mittleren Alters mit den bittenden Augen in meinem Atelier und ich wusste sofort, was ich zu tun hatte. Nur Augen, die so viel gesehen und erlebt hatten, können so deutlich sprechen. Die Frau mit den grossen, bittenden Augen erzählte mir von ihren Eltern, die bei einer Bombardierung ihrer Stadt und ihres Hauses alles ausser dem Leben verloren hatten. Und doch konnte in den Trümmern ihres Hauses noch etwas gefunden werden. Etwas, das an ein glückliches Leben vor der Zerstörung erinnerte. In all den Trümmern lag sie, die gute alte Stubenuhr, die Uhr, die in schlaflosen Nächten die Stunde schlug, die an Termine erinnerte und mit ihrem gleichmässigen Tick-Tack durch den Tag begleitete. Staubig, schmutzig und verletzt lag sie nun da. Jedoch mit einem starken Willen weiterzuleben und der nächsten Generation von ihrem Leben zu erzählen. Dass sie ihre Geschichte auch einem Uhrmacher in der Schweiz erzählen könnte, wusste sie damals noch nicht.

Eine kaputte Uhr, die absolut keinen Wert hat, wird zu einer Uhr, die nicht mit Gold aufzuwiegen ist. Nicht der Wert in Franken oder Euro ist massgebend. Der wahre Wert liegt im Herzen. Nur das Herz und die Augen dieser Frau konnten beurteilen, was diese Uhr für einen Wert hat.

Ja, ich würde diese Uhr restaurieren. Alle Teile vom Uhrwerk, ausser die Zugfedern, waren vorhanden und konnten wiederverwendet werden. Das Gehäuse wurde sanft restauriert, die fehlenden Zierteile und der Boden ersetzt. Jedoch wurden die Kratzer und die matte ehemalige Lackierung so belassen. Mit Absprache der Kundin wollte ich die Geschichte der Uhr nicht zerstören und ihr Aussehen möglichst nicht verändern. Nur so würde sie ihre Geschichte noch vielen weiteren Generationen weitererzählen können.

Lilie des Todes

Eine Uhr erzählt ihre Geschichte

Im Alter von etwa 250 Jahren hatte ich die Ehre meines ersten Auftritts im Schweizer Fernsehen, anlässlich einer Heimatsendung aus dem malerischen, sonnigen Winzerdorf Spiez am Thunersee. Bis dahin aber hatte ich einen langen, zum Teil beschwerlichen Weg zu gehen. Ja, das Wort Gehen ist für das, wozu ich gemacht bin, der richtige Ausdruck. Wenn ich meine Arbeit richtig mache, dann gehe ich, wenn ich aber einmal müde bin, wenn mir niemand die nötige Energie gibt, dann stehe ich. Ob ich nun nur ein paar Minuten stehe oder einige Jahre, ist mir eigentlich egal. Aber ich freue mich immer wieder, wenn ich auf einer massiven Konsole stehen kann und jede Woche jemand, der mich liebt, ganz nahe zu mir kommt, um mir von seiner Energie ein wenig gibt, dass ich mit meinem „Gehen“ etwas zurückgeben kann. Ich bin nun mal so gemacht, dass ich nur geben kann, wenn ich zuvor etwas bekomme. Eigentlich bin ich sonst ohne Ansprüche, nur im Winter, wenn es sehr kalt ist, gehe ich ein kleines bisschen schneller, weil sich alles zusammenzieht, und im Sommer verlangsame ich das Tempo ganz wenig, weil ich mich ausdehne. Aber der findige Mensch hat mir eine Regulierschraube eingebaut, sodass ich zu jeder Jahreszeit nach seinem Wunsche gehe.

Nun aber gehen wir in das Land, in dem ich „geboren“ wurde. Bei uns sagt man aber nicht geboren, sondern hergestellt. Ich wurde hergestellt und mit mir begannen noch viele andere zu laufen. In welchem Jahr meine Herstellung nun stattgefunden hat, weiss ich nicht so genau. Es war aber eine sehr interessante Zeit, welche auch mein Aussehen stark beeinflusste. Mein „Gesicht“, das heisst, die Umrandung meines „Gesichtes“, hatte etwas Politisches an sich, weswegen ich beinahe vernichtet wurde. Aber nicht nur ich hätte vernichtet werden können, sondern auch die Menschen, bei denen ich meinen Dienst tat. Gehen wir nochmals einige Jahre zurück, in eine Zeit, die ich nur aus der Geschichte kenne. Es war auch die Zeit, als die Ersten meiner Art gemacht wurden und ein König herrschte, der Sonnenkönig genannt wurde. Ludwig XIV. (der Vierzehnte) wurde am 5. November 1638 in St. Germain-en-Laye geboren und starb am 1. November 1715 in Versailles. Er regierte ab 1661 und führte das französische Königtum auf den Gipfel seiner Macht. Sein Einfluss in Europa und der Welt verkörperte den Höhepunkt des französischen Absolutismus. Aber durch Überspannung der finanziellen und militärischen Macht leitete er auch bereits den Niedergang ein. Die Heroisierung des Monarchen wiederholt die Omnipotenz seines Souveräns. Es kommt zu einer Identifikation Ludwigs XIV. mit den Göttern. Der König ist nicht mehr der von Göttern erwählte, sondern per se göttlich. Die Pracht- und Machtentfaltung Ludwigs XIV. thematisiert in beispielloser Opulenz Hyacinthe Rigaud in dem 1701/02 entstandenen Portrait. Der Sonnenkönig posiert im prachtvollen Krönungsornat. Auf blauem, das heisst, himmlischen Farbgrund des Mantels leuchten die stilisierten Lilien des Hauses Bourbon auf. Diese goldenen Lilien auf blauem Grund leuchteten schon auf dem Wappen von Karl V., Johann I. (Jean I.), geb. 1381, imitierte das Wappen und reduzierte die Zahl der Lilien auf drei, er war Graf von Clermont-en-Beauvaisis, ab 1410 dann Herzog von Bourbon und Graf von Forez. Nach dem Friedensvertrag von 1412 befreite er die Ile-de-France von Strassenräubern. 1415 überlebte er zwar die Schlacht von Azincourt, wurde aber dort gefangen genommen und bis zu seinem Tod im Jahr 1434 in London festgehalten.

Das Wappen der spanischen Königsfamilie trägt das Stammwappen des Hauses Bourbon in der Mitte, drei goldene Lilien auf blauem Grund mit rotem Rahmen. Das spanische Königs- und Staatwappen ist seit 1981 gültig. Und genau dieses

Wappen des Hauses Bourbon schmückt auch mein „Gesicht“.

Die ersten Exemplare meiner Familie, ich glaube, man darf uns als Familie betrachten, wurden ums Jahr 1680 hergestellt. Unsere Wiege stand in einem Gebiet, das als Franche-Comté bezeichnet wird. Zu diesem Gebiete gehören die Departement: Jura, Doubs und Haute-Saône. Wir stammen aus dem Departemente Jura. Aber auch in den angrenzenden Departementen, wie Haute Marne, Côte d’Or und Ain, aber auch im weiterentfernten Loire, wurden, wenn auch später, Familienmitglieder gefertigt. Die älteste mit Jahreszahl aus unserer Familie, aus dem Jahr 1693, ist auch heute noch gut in Form und präsentiert sich im Uhrenmuseum in Genf. Sie trägt einen Zahlenreif und den Uhrmachernamen „Moyse Golay du Chenit“. „Chenit“ ist ein Teil im Tal von Joux. Dieser Landstrich liegt in der Schweiz, etwa fünf Kilometer von der französischen Grenze und dem Departement Doubs entfetnt.

Unser Familienname ist Comtoise, wir sind Comtoise-Uhren und haben ganz bestimmte Merkmale. Wir haben immer einen Gewichtsantrieb auf Seiltrommeln. Wer unsere Arbeit in Anspruch nehmen will, muss uns von seiner Energie etwas geben. Durch das Hinaufziehen der beiden Gewichte mit dem Kurbelschlüssel, können die Gewichte ihre Schwerkraft ausüben und uns zum Gehen bringen. Das lange Pendel, welches fast immer vor den Gewichten schwingt, ist auch ein wichtiges „Organ“, ohne dass das Anzeigen der genauen Uhrzeit, welches unsere eigentliche Aufgabe ist, nicht möglich wäre. Unser Körper, das Gestell, wird in unserer Familie „Käfig“ genannt. Es besteht aus einer Bodenplatte und einer Deckplatte, welche durch mindestens vier Säulen miteinander fest verbunden sind. Dieser Käfig muss sehr robust sein und darum sind die vier Säulen mit den beiden Platten vernietet, tragen sie doch alle unsere inneren und äusseren „Organe“. Vier ausklappbare Platinen aus Flachstahl mit eingepressten Lagerbuchsen aus Messing passen genau in den Käfig, wobei jede Platine ihren ganz bestimmten Platz einnimmt und somit immer nur an seinem Ort stehen kann. Jede Platine hat zudem eine eigene Befestigungsschraube, welche als solche gekennzeichnet ist. Zwischen diesen Platinen ist das Räderwerk eingebaut. Auf der linken Seite das Gehwerk und rechts das Schlagwerk. Das Schlagwerk hat die Aufgabe, akustisch anzuzeigen, welche Stunde geschlagen hat, mit einem Vollstundenschlag und einem Halbstundenschlag auf eine Gussglocke. Da es in der Nacht im Schlaf eher schwierig ist, alle Schläge der eben geschlagenen Stunde mitzuzählen, repetiert der Vollstundenschlag nach zwei Minuten. Als das Herz des Gehwerkes kann die Spindelhemmung bezeichnet werden. Später wurden auch Werke mit Anker-Hemmung, Stiften-Hemmung oder eher selten auch die Mayet-Hemmung oder Bèthune-Hemmung eingebaut.

Wir, die Comtoise Uhren, waren vor allem für das Landvolk bestimmt, besassen ein robustes und zuverlässiges Werk, waren sehr reparaturfreundlich und unser Preis war auch erschwinglich. So waren wir auf vielen Bauernhöfen anzutreffen und mit unserem lauten Glockenschlag, der in allen Gebäuden zu hören war, der ideale Zeitmesser. Weil wir hauptsächlich auf dem Land „lebten", wurden wir in der Stadt nicht so richtig wahrgenommen und auch in der Literatur wurden wir kaum erwähnt. Auch kam es vor, dass wir mit einem falschen Namen angesprochen wurden. Der Ausdruck „Burgunder-Uhr" ist für uns nicht richtig, obschon noch heute viele Leute uns so nennen. Die Burgunder-Uhr ist die Uhr Philipps des Guten von Burgund, welche im Germanischen Nationalmuseum in Nürnberg zu sehen ist. Ebenfalls sind wir keine „Morez-Uhren". Denn die Morez-Uhr wurde in Morez hergestellt und hat immer einen Federantrieb, obschon das Eisenwerk sehr grosse Ähnlichkeiten mit uns hat. Es befindet sich aber fast immer in einem Wandgehäuse.

Die ersten unserer Familie zeigten die Uhrzeit noch mit nur einem Zeiger an. Es war eine Zeit, als die Minute noch keine allzu grosse Bedeutung hatte. Das Zifferblatt bestand aus einer schwarzen Blechplatte, auf die ein Zahlenreif aufgeschraubt ist, welcher meist aus Messing ist. Die Aufsätze, welche die Uhr einerseits zu schmücken hatten, dienten aber auch zum Verbergen der Glocke. Da wir meist die einzige Uhr im Haus waren, wurden wir noch mit einem Wecker ausgerüstet. Waren die ersten Aufsätze noch eine Verzierung, so wurde schon bald politisch motivierte Motive auf uns Uhren aufmontiert. So wurden wir mit Medaillon, den späteren Königs Ludwig XV. als Kind, dargestellt, geschmückt, mit einem vorausblickenden Hahn, mit Fahnen, Liktorenbündeln und Spiessen, auch mit Ranken, einer Weltkugel mit aufgesetzter Krone und den bourbonischen Lilien. Aber auch die Sonne und der zurückblickende Hahn wurde zu einem sehr beliebten Sujet des Aufbaues, welches nun meist aus Messingguss gefertigt wurde. Zur Zeit Ludwigs XIV. (1720-1730) stand der vorausblickende Hahn auf einem Medaillon mit drei bourbonischen Lilien.

Der Hahn ist kein revolutionäres oder republikanisches Emblem, es diente als Symbol für den erwachenden Tag, ebenso das Sonnenemblem.

Ich lebte in einer sehr interessanten Zeit. Es war die Zeit der Auflehnung gegen den Staat, gegen das Königshaus. Ich hatte mich im Haus einer Bürgerfamilie schon ganz gut eingelebt und die Leute richteten sich nach der Zeitangabe, die ich mit meinen Uhrzeigern und dem Zifferblatt anzeigte. Es wurde nicht mehr so viel gelacht wie noch vor einigen Wochen. Es herrschte eine sehr ernste Stimmung vor. Oft kamen Männer an den grossen Tisch, aber nicht zum Spielen und Trinken, nein zum Diskutieren. Oft sprachen alle wild durcheinander, ich hörte Worte wie „nieder mit dem Adel, nieder mit dem Klerus“, aber auch das Wort „Aufstand“ und Revolution“ hörte ich nun öfters. Dass ich auch etwas damit zu tun hätte, war mir damals noch nicht bewusst. Im Mai 1789 sollten die französischen Stände nach 175 Jahren wieder einmal zusammentreten, um die katastrophale Finanzlage zu beraten. Aber das System des Absolutismus wankte schon gewaltig in seinen Grundfesten. So kam es, dass das wütende Volk von Paris die Bastille, das verhasste Staatsgefängnis, erstürmte und wütende Bauern in der Provinz Schlösser und Klöster anzündeten. Die Verkündung der Menschenrechte am 26. August 1789 war zugleich die Sterbeurkunde des Ancien Régime und ich war mittendrin. Mit Stolz habe ich das Medaillon mit den drei Bourbon Lilien getragen. Nun aber wurde ich zur Gefahr für die Leute, bei denen ich wohnte. Auf meiner „Stirn“ prangt das Zeichen des Könighauses, was meine Leute an den Galgen hätte bringen können. Aber noch zur richtigen Zeit wurde ich von der Wand genommen und in eine kleine schmuddelige Werkstatt gebracht, wo mit einer groben Feile meine drei schönen Lilien weggekratzt wurden. Nun war ich nicht mehr eine königliche, sondern eine bürgerliche Uhr.

Da ich auf dem Lande lebte, musste ich nicht ansehen, was in Paris alles geschah. Oft hörte ich Schreie und verzweifelte Menschen, wenn wieder jemand verraten und nach Paris abgeführt wurde. Alle, die dem König und dem alten Regime treu waren, wurden hingerichtet. Für diese Hinrichtungen wurde eine Maschine erfunden, um das Köpfen rationeller zu machen. Die verurteilte Person wurde auf ein Brett gebunden, unter das Fallbeil geschoben, sodass der Henker nur noch an einem Seil ziehen musste. Dadurch löste sich die Sperrklinke und das herabfallende Beil trennte den Kopf vom Körper. Es war eine sehr schlimme und brutale Zeit.

Der König wurde von einer Schweizer Garde bewacht. Die Schweizer Söldner hatten einen guten Ruf und wurden deshalb für diese heikle Aufgabe herangezogen. Wegen eines Informationsfehlers jedoch kam es im Schloss der Tuilerien zu einem Massaker. Am 10. August 1792 überfielen mörderische Banden den Garten und das Schloss und vernichteten mit grösster Brutalität und äusserster Gewalt über 700 Gardisten. Bald darauf wurden der König und seine aus Österreich stammende Frau Antoinette zum Schafott geführt und unter dem Jubel vieler Schaulustigen hingerichtet.

Mein Leben verlief jedoch noch einige Zeit in den gewohnten Bahnen, im Hause, wo meine Leute wohnten, weiter. Irgendwann wurde ich nicht mehr gebraucht und in eine Abstellkammer gestellt. Wie lange ich dort war, weiss ich nicht mehr, mit Sicherheit aber über hundert Jahre. Eines Tages kam ein Mann, der mich anschaute und Gefallen an mir fand. Ich wurde auf ein Fahrzeug geladen. Aber so etwas habe ich noch nie gesehen. Vor dem Wagen war kein Pferd, es war gar nichts vor dem Gefährt. Es hatte etwas in sich, das die Räder von innen antrieb, etwas, das die Menschen Motor nannten und das Fahrzeug, welches nun Automobil genannt wurde, zum selbstfahrenden Wagen machte. Mit diesem Auto machte ich eine lange Reise in ein anderes Land wo die Menschen eine andere Sprache hatten. Nach einigen weiteren Jahren des Wartens wurde ich von meinem Holzgehäuse getrennt. Dieses musste zu einem Möbelrestaurator nach Oberhofen. Ich jedoch konnte nach Spiez in ein Atelier, wo viele verschiedene andere Uhren waren. Da war auch eine Comtoise-Uhr, die aus der gleichen Manufaktur kam wie ich, und so konnten wir gemeinsam auf unsere Reparatur warten. Nachdem ich gereinigt, restauriert und geölt war, ich hatte es schon etwas nötig, Rost, Trockenheit, Schmutz und

Spinnweben hatten mir arg zugesetzt, wurde ich wieder mit meinem Uhrenkasten vereint. Dieser wartete schon auf mich in einer sehr schönen Wohnung in Thun. Nun konnte ich wieder als Zeitmesser die Stunden anzeigen und zu jeder halben und vollen Stunde läuten.

Ich bin nun bei einem sehr lieben Ehepaar, das mich wöchentlich aufzieht und mir viel Liebe gibt. Manchmal bedaure ich es, dass meine Lilien ausgekratzt wurden, aber wenn sie das nicht gemacht hätten, wäre meine damalige Besitzerfamilie mit grosser Wahrscheinlichkeit auf dem Schafott zu Tode gekommen und ich wäre nie in ein so schönes Land an den Thunersee gekommen. Ich habe mich mit meinem Aussehen abgefunden und bin der Meinung, dass ich nach über 250 Jahren noch recht gut aussehe und meine Arbeit noch sehr gut mache. Manchmal besucht mich der Uhrmacher aus Spiez, dann reden sie über mich und die anderen Uhren, welche er auch schon repariert hat. Ich hatte und habe noch immer ein sehr schönes Leben und hoffe, dass ich noch viele Jahre „gehen“ kann und meinen Leuten Zeit schenken darf.

Der müde Mann aus Saarbrücken

An einem regnerischen Freitagnachmittag betrat ein älterer Mann mein Atelier. Er hatte keine Uhr dabei, welche er zur Reparatur hätte bringen wollen. Am Rücken trug er einen Rucksack, von dem er sich befreite und den er zu Boden legte. Schon bei der Begrüssung hörte ich, dass sein Dialekt nicht aus der Region stammt. Aber bevor ich mich mit dem Herausfinden seiner Herkunft befassen konnte, sagte er mir, dass er aus Saarbrücken komme. Er fragte, ob er sich ein bisschen hinsetzen könne, da er müde sei. Nun sass er in meinem Atelier, umgeben von vielen Wand- und Standuhren, wurde still und hörte den verschiedenen Geräuschen zu. Auch ich war nun still, schaute diesem Mann beim Hören zu und sah, dass er ganz ruhig wurde und mit weit offenen wachen Augen die sich im Takt bewegenden Pendel anschaute. Die verschiedenen Töne der Uhren und das gleichmässige Schwingen der Pendel schenkten ihm eine sichtbare Ruhe. Nach einiger Zeit begann er zu reden. Ein bisschen wirr, alles durcheinander, vieles ohne Zusammenhang, jedoch immer mit einem philosophischen Kern. Ob er nun über Gott, die Umwelt, Hoffnung, Zeit oder eine Antwort zur Frage „Was ist Wahrheit“ sprach, er machte es aus einer tiefen inneren Überzeugung. Es sass auf einem orange überzogenen Sessel und redete unaufhörlich, ich stand bei ihm, schwieg und hörte zu. Plötzlich bat er mich, ihm seinen Rucksack zu bringen. Er öffnete diesen umständlich, legte ein paar Sachen auf den Boden und fand endlich, was er suchte: eine schwarze Mappe, in der in Klarsichtfolien beschriebene und gezeichnete Blätter eingelegt waren. Diese Mappe übergab er mir feierlich und bat mich, dies zu lesen und wenn möglich weiterzuerzählen. Er nahm nun seinen Rucksack, den er wieder eingepackt hatte, verabschiedete sich und sagte, seine Reise gehe nun weiter mit einem unbekannten Ziel. Nun war ich wieder alleine mit vielen Uhren und einer schwarzen Mappe in der Hand und hatte die Aufgabe, seine Worte weiterzugeben. So nehme ich nun seinen Wunsch als Auftrag und gebe einige Texte nachfolgend weiter:

Verehrte Freunde! 1987

Wir leben in einer materialistisch orientierten Welt, in der der Egoismus und Rücksichtslosigkeit vorherrschen vor den ethischen und moralischen Spielregeln, die für das Leben in einer Gemeinschaft unumgänglich sind. Die Folgen dieses Fehlverhaltens zeigen sich auf vielfältige Weise. Wenn wir dem nachkommenden Leben auf dieser Erde eine Chance zum Existieren lassen wollen, müssen wir an Stelle von Habgier, Verschwendung und Genusssucht Vernunft und Verantwor-

tungsbewusstsein setzen. Dies geht jeden an, denn wir sitzen alle in einem Boot! Wir sind mit unserer Existenz – bis jetzt jedenfalls – an die substanziellen Gegebenheiten dieses Himmelskörpers gebunden. Jeder menschliche Frevel an der Natur wird irgendwann von allen seinen Tribut fordern und das Überleben in Frage stellen!

Menschlichen Taten geht zumeist das Denken voraus. Um Verhaltensformen des Menschen zu verändern, muss also ein Umdenken vorausgehen!

Mit meinen kleinen Niederschriften möchte ich Denkanstösse geben, ohne „belehren" oder „schulmeistern" zu wollen. Es ist ein Akt der Notwehr gegen die vom Menschen unnötig verursachten Verhältnisse, die wie eine Einbahnstrasse in ein Desaster aussehen!

Denke mit, rede mit – schweigen kann mitschuldig machen!

Keine Motivation? ... Schau einem Kind in die Augen und denke darüber nach, was auf es zukommen kann, wenn wir versagen!

Die egozentrischen Verhaltensmechanismen des Menschen führen seinen Untergang herbei, es gibt nur Überlebenschancen wenn wir einen gesunden, konsequenten Gemeinsinn entwickeln, in dem die gesamte Natur mit ihrer Vielfalt einbezogen sein muss.

Aus ernster Sorge in Freundschaft.

PT

„Die gute alte Zeit!“ 2009
(Wer bedenkt dies schon? – war zumeist nur „Illusion“ !)

Es wurde geherrscht von Kaisern und Königen, Fürsten, Bischöfen und Grafen. Sie hielten sich für „hochwohlgeboren“, hatten viel Respekt verloren und waren nur sehr selten die „vorbildlichen Braven“. Mit brutaler Macht haben sie Mitmenschen in ihre Gewalt gebracht. Haben sie zu Unfreien, Leibeigenen, Soldaten, Sklaven, Mätressen gemacht. Eine grosse Schandtat war – „Das Recht der ersten Nacht“! Auch wurden, erbarmungslos und undiszipliniert, Knaben mit schöner Sopranstimme rücksichtslos kastriert! Noch eine Untat – wo Unschuldige sehr gelitten haben, war der Missbrauch von „Prügelknaben“. Nur der „Hofnarr“ durfte oder musste es wagen (ohne Lebensgefahr) dem Herrscher die Wahrheit offen ins Gesicht zu sagen. Heute sind demokratischere Zeiten gekommen. Die Presse, mutige Bürger und der Clown haben die „Narrenrolle“ übernommen. Diese Aufgabe ist äusserst wichtig geblieben, denn Machtgelüste, Habgier, Prestigesucht, Vergnügungssucht werden oft übertrieben, doch sehr übel ist, dass man bei Verantwortlichen die Wahrheit vermisst!

Durch diese Realität – man ahnt es schon – wurde ich – Akt der Notwehr! – ein „möchtegern-Clown"! Ein Clown erntet für seine Mühe das Lachen, mir gelingt es nur – nachdenklich zu machen. Diese Realität sehe ich illusionslos ein! Deshalb kann ich nur ein „möchtegern-Clown" sein! Doch mein Motto können wir zum Prinzip machen: Bitte! – So gefühlvoll miteinander umgehen, dass wie aus purer Freude lachen! Danke!

Berthol Brecht sagte: „Wer die Wahrheit nicht kennt, ist nur ein Dummkopf. Wer sie kennt und sie Lüge nennt, ein Verbrecher!"

Dieses Zitat gibt uns ein Mass, unseren Umgang gerecht bewerten zu können!

PT

WÜNSCHE

Ich wünsche Dir nicht alle möglichen Gaben.
Ich wünsche dir nur, was die meisten nicht haben:
Ich wünsche dir Zeit, Dich zu freun und zu lachen,
und wenn Du sie nützt, kannst Du etwas draus machen.

Ich wünsche Dir Zeit für Dein Tun und Dein Denken,
nicht nur für Dich selbst, sondern auch zum Verschenken.

Ich wünsche Dir Zeit, nicht zum Hasten und Rennen,
sondern die Zeit, zum zufrieden sein zu können.

Ich wünsche Dir Zeit, nicht nur zum Vertreiben.
Ich wünsche, sie möge Dir übrigbleiben
Als Zeit für das Staunen und Vertraun,
anstatt nach der Zeit auf der Uhr zu schaun.

Ich wünsche Dir Zeit, zu Dir selber zu finden,
jeden Tag, jede Stunde als Glück zu empfinden.
Ich wünsche Dir Zeit, auch nach Schuld zu vergeben.
Ich wünsche Dir Zeit: Zeit zu haben im Leben.

Elli Michler

Diesen edlen Wünschen schliesse ich mich, von Herzen gern an – möge unser gütiger Gott das gelingen und seinen Segen dazu schenken!
TP

Soweit einig Auszüge aus der Mappe, den Texten, vom müden Mann aus Saarbrücken.

Die englische Standuhr

Der Weg, an dem mein Atelier zu finden ist, ist auch der Weg, den viele traurige Menschen oft mit Tränen in den Augen und gesenktem Kopf gehen. Einige sehen weder die Blumenpracht der Gärtnerei noch das Schaufenster des Uhrenateliers. Jedoch kommt es auch vor, dass jemand die Tränen weggewischt hat und nach dem Abschied eines lieben Menschen nach vorne in die Zukunft schaut. So auch eine Frau, die die wunderbaren Blumen und das Uhrenatelier sah. Eine Frau, sehr elegant gekleidet, trat in mein Atelier, sprach mich mit ihrem sehr speziellen englischen Akzent an und erzählte von ihrer Standuhr. Einer Englischen Standuhr, welche nun schon seit über vierzig Jahren nicht mehr geht, weil sie noch niemanden gefunden hat, der sich der Uhr annehmen will. Alle Uhrmacher, die sie um eine Reparatur bat, hätten es abgelehnt, diese wieder in Stand zu bringen. Ich sei ihre letzte Hoffnung. Nach einem kurzen Gespräch gab sie mir ihre Karte und bat mich um einen Besuch in Wengen, bei ihr und der defekten Standuhr.

Einige Wochen später, an einem Samstag, fuhr ich mit dem Auto nach Lauterbrunnen ins Parkhaus, besorgte mir eine Fahrkarte nach Wengen, bestieg die Zahnradbahn, welche mich nach Wengen brachte. Von da aus ging es zu Fuss zum

Haus, in dem die Frau mit dem englischen Akzent und die Uhr wohnten. Die Grandfather Clock, so werden diese Uhren genannt, war das zentrale Objekt in der sehr geräumigen Wohnung. Eine sehr einfache, jedoch schöne Standuhr bot sich mir zur Reparatur an. Das Uhrwerk war sehr trocken, matt, einige Teile stark von Rost befallen, die Darmsaiten angerissen. Jedoch waren, so wie ich es auf die Schnelle beurteilen konnte, noch alle Teile im Originalzustand, zum Teil stark abgenutzt.

Nun war es an mir zu entscheiden, was und wie viel ich mir zutraue, ohne etwas an der Uhr zu verändern oder neue Teile einzubauen. Dazu gehört nicht nur handwerkliches Können, sondern auch eine intensive Überzeugungsarbeit der Kundin gegenüber. Ich würde nur mit der Originalsubstanz arbeiten. Meine Auffassung von Restaurieren ist Erhalten, Erhalten aller Originalteile, Erhalten von allem, was vom Erbauer dieser Uhr mit viel Liebe und Fachkenntnissen erarbeitet und eingebaut wurde. Nichts, aber auch gar nichts darf an diesem Kunstwerk verändert werden. So entschied ich mich, die Arbeit in Angriff zu nehmen. Die Uhr wurde von Wengen nach Spiez transportiert, wo sie nun für einen Monat auf einem Gestell stehen und sich anklimatisieren durfte. Täglich betrachtete ich nun das Uhrwerk und versuchte mich in die Arbeit des Erbauers einzufühlen.

Jedes Rad, jeder Trieb, jede Platine, jedes mechanische Werkteil, jede Feder und jede Sperrklinke versuchte ich in Zusammenhang zu bringen und überlegte mir jeden Handgriff der Zerlegung des Werkes. Nach dem Zerlegen wurde jedes Teil einzeln gereinigt, gebürstet, kontrolliert und ohne die geringste Veränderung wieder eingebaut. Nur der Sperrhaken des Seilrades vom Schlagwerk war total vom Rost zerfressen, so dass ich einen neuen Sperrhaken herstellen musste. Auch die Befestigungsschraube musste neu hergestellt werden. Die Darmsaiten sind Verbrauchsmaterial und wurden durch neue Darmsaiten ersetzt.

Beim Aufrichten des Werkes hatte ich einen inneren Kampf auszufechten, einen Kampf mit den beiden Arthurs, die in mir schlummern. Arthur 1 wollte, dass alle Funktionen der Uhr einwandfrei ihren Dienst machen, was die Herstellung einiger neuen Teile zur Folge hätte und der Uhr zwar eine genaue Funktion geben würde, jedoch ihr die Würde genommen hätte. Arthur 2 wollte keine Veränderung am Werk vornehmen, alles im Originalzustand belassen und in Kauf nehmen, dass Läutwerk, Datum und Mondphase nicht einwandfrei ihren Dienst machen können. Arthur 2 wollte dem Erbauer der Uhr die Ehre antun, sein Werk nicht zu verändern und alle Teile in dem Zustand belassen, wie er sie schuf. Nur so hat die Uhr einen sehr grossen Wert, nicht nur im finanziellen, sondern auch vor allem im emotionellen Bereich. Es war ein Kampf, den Arthur 1 und Arthur 2 in den vergangenen Jahren schon oft zu kämpfen hatten. Meistens ging Arthur 2 als Sieger hervor. Und so war es auch bei dieser Grandfather Clock. Arthur 2 liess es nicht zu, dass ein einmaliges Kulturgut zerstört wurde.

Die Ethik in der Uhrenrestaurierung

Für die Zeitschrift Chronométrophilia Nr. 59, Ausgabe Herbst/Winter 2005, durfte ich einen Text zum Thema „Die Ethik in der Uhrenrestaurierung“ veröffentlichen. Noch heute stehe ich zu meinen Worten und werde diese in vollem Umfang nochmals weitergeben.

Was oft vom Uhrmacher, aber auch vom Bastler als gute und seriöse Arbeit empfunden wird, kann für eine Uhr fatale Folgen haben. Ist doch eine grosse Mehrheit der Uhrmacher noch immer der Meinung, dass eine Uhr laufen müsse. So kommt es immer wieder vor, dass Kunden mit einer zerrestaurierten Uhr in mein Atelier kommen und gar nicht wissen, dass ihre einst wertvolle Uhr bei einer früheren Reparatur zerstört wurde. Ein ausgebautes Werk, das durch ein Neues ersetzt wurde, kann nun mal nicht mehr in den Originalzustand gebracht werden. Biedermeieruhren mit einem Quarzwerk mögen zwar praktisch sein, sind aber total wertlos. Lackschilder, die mit Bastelfarben bemalt wurden, mögen dem „Maler“ ganz gut gefallen, sind aber ein extrem grosser Eingriff in ein Kunstwerk, und nur mit einem gewaltigen Aufwand wieder rückgängig zu machen.

Eine Uhr besteht aus verschiedenen Komponenten. Die sichtbaren sind das Gehäuse, das Zifferblatt, die Zeiger und bei manchen noch die Gewichte mit den Ketten, Schnüren, Darmsaiten usw. Dazu kommen die akustischen Mechanismen und das Uhrwerk, das als Herzstück oft verborgen bleibt. Eine Uhr kann deshalb nur als Original bezeichnet werden, wenn alle Teile in der gleichen Zeitepoche hergestellt wurden

Ich bin nun aber nicht der Meinung, Uhren sollen nicht repariert werden, sie sollen laufen und dem Betrachter Freude schenken und die Zeit anzeigen. Das kann sie aber nur, wenn alle Komponenten, die der Erbauer erschuf, noch im Originalzustand vorhanden sind. Dabei ist aber zwischen Hauptteilen und Verbrauchsteilen zu unterscheiden. Zu den Hauptteilen gehören Gehäuse, Zifferblatt, Zeiger, Platinen, Gestell, alle Räder und Trieb, die Wellen, die Komplikationen zur Schlagauslösung, Spindel oder Anker, Schlossscheibe oder Rechen, Pendel mit Pendelstange und die Gewichte. Wobei je nach Art der Uhr die Gewichte nicht mit der Uhr zusammen gebaut wurden und somit austauschbar sind. Es sind dies die Gewichte der Comtoise- oder Schwarzwald Uhren (Lackschild – Kuckuck – und Biedermeieruhren).

Die Verbrauchsteile sind die Zugseile, Uhrketten, die Zugfedern, die Sperrfedern, die Pendelfeder, die Lager und Aufzugschlüssel. Dazu kommen noch die abgenützten Teile. Das sind eingelaufene Zapfen, die rolliert (poliert) werden können oder ersetzt werden müssen. Abgebrochene Zähne können meist ersetzt werden. Defekte oder stark abgenützte Teile können bei Uhren, die jünger als 120 Jahre sind, neu angefertigt werden, es muss aber das gleiche Material verwendet werden, wie es beim Original war. Alle Eingriffe müssen genau dokumentiert werden, wobei ein Exemplar dem Besitzer der Uhr mitgegeben wird, ein Exemplar ist im Archiv der Uhrenwerkstatt aufzubewahren. Bei älteren Uhren sind solche Eingriffe nach Möglichkeit zu unterlassen, da sich neue Teile eher negativ auswirken könnten. Müssen aber, aus welchem Grund auch immer, solche Reparaturen vorgenommen werden, so sind diese so vorzunehmen, dass sie als „neu" zu erkennen sind. Ebenfalls sind solche Eingriffe zu dokumentieren. Eine Dokumentation beinhaltet die genaue Beschreibung der Uhr, der Reparatur, die dazu gebrauchten Materialien, den Namen und der Ort wo die Reparatur vorgenommen wurde, mit Datum und der Unterschrift des Uhrmachers.

Ein echtes Problem sind die ausgebauten Stellungen an den Federhäusern. Wo eine Stellung vorhanden ist, ist sie auch wieder einzubauen. Denn der Hersteller der Uhr hat sich etwas dabei gedacht und hat dieses Teil aus einem ganz bestimmten Grund eingebaut. Oft ist aber die Stellung schon ausgebaut oder es sind nur noch Fragmente davon vorhanden. Dieser wichtige Bestandteil der Uhr, der zur langen Lebensdauer der Zugfeder und der genauen Zeitanzeige dient, muss in jedem Fall nachgebaut werden.

Mit den negativen Beispielen will ich niemanden verletzen oder angreifen. Aber ich will aufzeigen, dass das Gutgemeinte gar nicht immer so gut ist. Darum Hände weg von Kulturgütern, keine Basteleien, keine Transporte ohne genaue Dokumentation über Fundorte.

Ich hoffe, mit dieser kleinen Arbeit dazu beitragen zu können, dass die Generationen nach uns auch noch Freude an echten und unverfälschten Uhren haben können.

Ehrfurcht und Ethik

Ethik ist die Lehre vom richtigen Handeln und Wollen. Sicher kann man nicht in einem Satz erklären, was Ethik ist, das will ich auch nicht. Es gibt eine riesige Menge von Literatur zum Thema Ethik. Aber die Worte, das richtige Handeln und das richtige Wollen haben eine so starke Aussage, dass ich nicht weiter nach philosophischen und religiösen Standpunkten suchen will. In der Uhrenrestaurierung ist nun mal das Handeln und Wollen ausschlaggebend, ob eine Uhr zerstört oder gerettet wird.

Schon aus Ehrfurcht vor dem Erbauer einer Uhr dürfen keine Veränderungen an Gehäuse und Werk vorgenommen werden. Der Mönch, Schmied, Bauer, Schreiner oder später der Uhrmacher schuf diese Maschine zur Zeitanzeige mit dem Wissen, das ihm zur Verfügung stand. Die Materialien wurden mit einfachen Mitteln und Werkzeugen verarbeitet. Auch der Gehäusemacher arbeitete mit Werkstoffen, die in seiner geografischen Umgebung vorhanden waren. Seien es nun Holz, Haut- und Knochenleime, Blei- oder Zinkweiss und Farben, die meist selbst hergestellt wurden.

Die Ehrfurcht soll auch davon abhalten, vorschnell mit einer Restaurierung zu beginnen. Der wichtigste Aspekt ist die genaue Beurteilung einer Uhr. Wenn wir nun gebührende Ehrfurcht für das Werk und seinen Erbauer aufbringen und das Wissen zu Material und Technik besitzen, ist schon ein grosser Teil der Gefahrenquelle, dass eine antike Uhr zerstört werde könnte, ausgeschaltet. Somit sind wir schon beim wichtigsten Punkt einer Restaurierung: dem Schauen, Sehen, Lugen, Hingucken. Nur nützt aber alles Schauen nichts, wenn man nicht weiss, was man sieht. Sehen will gelernt sein, was aber gar nicht so einfach ist.

Dazu kommen eine fundierte Kenntnis der Materialien, die bei der Herstellung der Uhr gebraucht wurden und das Kennen der geschichtlichen Hintergründe.

Darum ist es besser, eine Uhr bleibt im Verborgenen und kann auf eine sachgemässe Restaurierung warten, als dass sie von einem unkundigen Uhrenliebhaber, Bastler und Alleskönner gefunden und zerstört wird. Echte Uhrenliebhaber, eine Rarität, tragen Sorge zu historischen Gütern und versuchen alles, um diese seltenen Schätze zu schützen und in unverfälschtem Zustand der Nachwelt zu erhalten. Ich hoffe nun, dass diese Zeilen auf fruchtbaren Boden fallen und dazu beitragen, wertvolle Uhren vor einer Zerstörung zu retten.

Beispiel 1: Die Turmuhr im Kloster Mariahilf in Altstätten

Am 31. Juni 2002 hatte ich die Möglichkeit, die Turmuhr im Kloster Mariahilf in Altstätten zu besichtigen. An dieser Stelle will ich der Leitung des Klosters und Schwester Benigna herzlich danken.

Die Uhr ist datiert auf das Jahr 1544, aus dem gleichen Jahr ist auch das Zifferblatt, welches 1933 repariert wurde. Das Uhrwerk wurde 1993 einer Reparatur unterzogen. Die Uhr wird bis zum heutigen Tag noch immer von Hand aufgezogen.

Das Uhrwerk ist in einem guten Zustand, wurde aber öfters umgebaut. Wobei der erste grosse Umbau zu seiner Zeit als nötig empfunden und sehr gut gemacht wurde. Die späteren Veränderungen, vor allem die aus dem 20. Jahrhundert, wirken eher zerstörerisch und haben der wunderbaren alten Uhr die Würde genommen. Sicher ist es schön, dass diese Uhr noch immer läuft, aber ich bin der Meinung, dass gerade bei dieser Turmuhr weniger mehr gewesen wäre. Nun aber ist es mal so und ich hoffe, dass die Uhr nicht weiteren zerstörerischen Eingriffen ausgesetzt wird.

Die originale Uhr von 1544 war mit Spindel und Spindelrad ausgerüstet. Im Jahr 1658 wurde durch Christian Huygens der Pendel als Gangregler für Uhren erfunden. So ist anzunehmen, dass die Uhr gegen Ende des 17. oder anfangs des 18. Jahrhunderts umgebaut wurde. Bei diesem Umbau wurden Waag, Spindel und Spindelrad ausgebaut, um einen Anker, ein Ankerrad und ein Pendel einzubauen.

Später wurden weitere Korrekturen gemacht. So wurden bei den Hämmern Spiralfedern eingebaut, ein total unnötiger Eingriff. Die Hammerhalterung beim $^{4}/_{4}$ und beim Stundenschlag wurden mit neuen Schrauben befestigt (metrische Gewinde), die Köpfe gefeilt. Dazu wurden leider auch Löcher in das Gestell gebohrt und Gewinde geschnitten. Das ist eine sehr grobe Zerstörung an einem einzigartigen Kulturgut. Das Gestell wurde mit schwarzer Farbe angestrichen, auch das hätte nie geschehen dürfen. Geschmiedetes Eisen aus dieser Zeit ist sehr gut gegen Rost geschützt und darf nur gebürstet werden. Unten wurde ein Weissblech montiert, was sehr störend ist.

Die Uhr sollte nun wenn möglich von weiteren Veränderungen, wie bohren, feilen, neuzeitlichen Teilen montieren und Farbanstrichen verschont bleiben. Es wäre interessant, wenn alle Reparaturen dokumentiert wären. Möge doch für Restaurierungsarbeiten immer die Denkmalpflege beigezogen werden.

Beispiel 2: Rahmenuhr

Diese Uhr ist nur noch ein Fragment einer einst sehr schönen Rahmenuhr mit Hinterglasmalung aus der zweiten Hälfte des 19. Jahrhunderts. Ursprünglich war sie mit einem Uhrwerk mit Holzgestell, Messingrädern, Gewichten und Pendel bestückt. Das Holzwerk, welches noch hundert Jahre laufen würde, musste einem billigen Quarzwerk Platz machen. Aber das ist noch nicht genug der Schande, es ist ein Quarzwerk mit Westminster schlag und dies in einer Uhr aus dem Schwarzwald. Schon diese Tatsachen zeugt von einem Dilettantismus der besonderen Güte.

Das Gehäuse wurde auch total verändert. Das Glastürchen wurde abmontiert, die Scharnierkerben unansehnlich mit einer Art Kitt zugepflastert und schwarz angestrichen. Der vergoldete Rahmen, eine Blattvergoldung, wurde mit einer billigen Goldfarbe überstrichen. Was müssen das für Menschen sein, die nicht sehen, mit welchen Materialien sie arbeiten und Gold unter Farbe „vernichten"?

Das Glas mit dem Zifferblatt war noch vorhanden, wurde aber auch extrem verunstaltet. Wahrscheinlich war ein ländliches Motiv auf dem Glas hinten aufgemalt. Diese Hinterglasmalerei wurde zerstört und durch eine unsorgfältige, sehr schlechte Zeichnung ersetzt.

Diese Uhr wurde mir am 3. März 2004 in mein Atelier gebracht, mit der Bitte, diese zu reparieren. Die Dame hatte sie vor einigen Jahren bei einem Händler auf einem Antikmarkt gekauft und eine beträchtliche Summe dafür ausgegeben. So wurde sie, wie leider schon oft, zu meiner Uhr.

Mein Tipp: Lasst es nicht zu, dass jemand ohne Wissen und Erfahrung Hand an eine Uhr legt. Lasst es nicht zu, dass ein Uhrwerk ersetzt wird, eine Reparatur ist fast immer möglich. Wenn eine mögliche Reparatur momentan zu teuer ist, lasst die Uhr so, wie sie ist, nehmt sie mit nach Hause und wartet, bis eine Finanzierung gesichert ist. Nur so macht die Uhr wieder Freude. Hände weg von Reparaturarbeitern und Möchtegern-Uhrmachern, die für wenig Geld arbeiten.

Mögen diese Zeilen doch dazu beitragen, dass Uhren in ihrem Originalzustand bleiben dürfen, wenn aber Reparaturen nötig sind, diese so gemacht werden, dass es auch dem Erbauer der Uhr Freude machen würde.

Ich danke allen, die diese Zeilen bis zu Schluss gelesen haben. Wenn sich jemand von meinen Worten angegriffen fühlt, dann war das Absicht. Möge gerade der, der vielleicht auch schon Uhren „zerstörte“, sich nun Gedanken machen. Gedanken zur Vergangenheit, aber vor allem Gedanken zur Zukunft. Das Vergangene ist nun mal so, wie es gemacht wurde. Aber das Zukünftige kann verschont bleiben. In der Hoffnung, dass mein Bestreben zur Erhaltung von einem einzigartigen Kulturgut auf fruchtbaren Boden gefallen ist, danke ich für Ihr Verständnis.

Die Standuhr aus Sursee

Mein Vater erblickte im Jahr 1907 in der Mühle in Huttwil das Licht der Welt. Er wuchs mit seinen drei Schwestern in einer Zeit auf, als das Automobil noch Aufsehen erregte, wenn eines durchs Dorf ratterte und eine Staubwolke hinter sich nachzog. Die meisten Personen- und Materialtransporte wurden noch mit Pferd und Wagen gemacht. Jedoch hatte der kleine Hans Freude an den neumodischen, lärmenden und selbstfahrenden Vehikeln. So beschloss er, nachdem er die Schule abgeschlossen hatte, einen Beruf zu erlernen, der mit diesen mit Benzin betriebenen Fahrzeugen zu tun hatte. Sein Vater gab ihm sein altes Fahrrad und 5 Franken. So radelte er los, in der Hoffnung, irgendwo eine Werkstatt zu finden, wo solche Autos repariert werden. In Sursee wurde er fündig. Da war ein flacher Bau mit grossen Toren und davor waren drei Automobile. Auf dem Schild über den Toren konnte er „Garage Burkhardt“ lesen. Er war fast am Ziel seiner Träume. Er stellte sein Rad hin, ging in die Garage und fragte, ob er bei ihnen diesen Beruf lernen könnte. Herr Burkhardt nahm die fünf Franken Lehrgeld, stellte ein Eisenbett in die Werkstatt und stellte den interessierten Hans als Lehrling an, mit Kost und Bett. Dreimal am Tag gab es Kartoffeln und Körperpflege und geschlafen wurde neben Werkzeug, Pneus, Motorenöl und Benzin. Er machte seine Lehrabschlussprüfung als Automechaniker, lernte Lastwagen fahren und reparieren und machte auch die Carprüfung. Er blieb ein Leben lang Chauffeur und Mechaniker. Sei Wunsch, sich mit der damals modernsten Technik auseinanderzusetzen, erfüllte sich und er war mit seinem Beruf, seiner Berufung ein Leben lang sehr glücklich.

Im Jahr 2007 kam ein Ehepaar mit einer kleinen Standuhr nach Spiez in mein Atelier. Es war eine neuere, etwa zwanzigjährige Uhr, bei der eine Welle im Uhrwerk gebrochen war. So machte ich eine Totalrevision und eine neue Welle, sodass die Uhr wieder die Stunden anzeigte und mit dem Klang der Glocken an die Vergänglichkeit erinnerte. Als das Ehepaar aus Sursee die reparierte Uhr nach einiger Zeit abholte, kamen wir ins Gespräch. Wir sprachen vom Restaurant Schweizerheim, wo meine Mutter arbeitete, von meinem Vater, der seine Lehre in Sursee machte und später in der Mosterei als Chauffeur arbeitete und mit einem alten Holzvergaser-Lastwagen Äpfel aus der Ostschweiz nach Sursee führte. So nebenbei erzählte ich auch die Geschichte von seiner Lehrstelle und dem Eisenbett in der Werkstatt. Da fragte mich der Mann aus Sursee, ob ich denn wisse, wie die Garage geheissen habe. Und so schloss sich der Kreis von meinem Vater aus

Huttwil zur Garage in Sursee zur Uhrenreparatur in Spiez. Mein Kunde aus Sursee ist der heutige Geschäftsführer der Garage Burkhardt, die noch heute die gleiche Automarke repariert und verkauft.

Die alte Wanduhr

Oft kommen Leute in mein Atelier, um ein bisschen zu plaudern, die verschiedenen alten Uhren zu bestaunen, zum Philosophieren oder ihre Uhrengeschichten zu erzählen. Einige bringen kurze Texte oder Gedichte mit, die sie mir vorlesen oder aus alten Zeitungen herausgeschnitten überreichen. Ein Gedicht, welches mir oft gegeben wurde und auch in manchem Uhrenkasten fand, werde ich nun an dieser Stelle weitergeben:

Wenn ich des Nachts schlaflos im Bett gelegen,
und draussen fegt der Wind durch Wald und Flur,
so lausche ich den späten Stundeschlägen
und halte Zwiesprach mit der alten Uhr.

Ihr Leben ist ein nimmermüdes Klopfen,
das viel erzählt aus längst entschwundener Zeit.
Mit jedem Tick und jedem Tack ein Tropfen,
fällt von der Gegenwart in die Vergangenheit.

Sie schlug getreu bei Tag und Nacht die Stunden,
im gleichen Hause nun Jahrzehnte schon
Und zeigt noch heut' Minuten und Sekunden
Bereits der fünften Generation.

Sie hörte Mütter Wiegenlieder singen,
sah Kinder ihren ersten Schultag gehen
und Konfirmanden ihren Denkspruch bringen,
um dann zum Lebenskampf hinaus zu gehen.

Auch Elterntränen sah sie schon vergiessen,
wenn es gekommen, wie es oft geschah,
dass liebe Kinder nun das Haus verliessen
zur weiten Reise nach Amerika.

Sah junge Burschen fröhlich gehen zum Tanze,
im Maiengrün mit frischem Blumenstrauss,
sah junge Bräute mit dem Myrtenkranze,
wenn Hochzeitsklänge rauschten durch das Haus.

Sie weiss auch viel von Kriegen zu erwähnen,
wie sie genommen in Gestalt und Form,
sah Frauen jammern unter Abschiedstränen
und Männer scheiden in Uniform.

So hat sie mitgelebt in Freud und Leide,
vom Taufgelage bis zum Leichenschmaus.
Sah oft auch Menschen, die im Trauerkleide
die Särge trugen aus dem alten Haus.

Hielt immer Schritt mit gut und bösen Tagen,
so wie es ihr der Lauf der Zeit gebot,
hat pünktlich jedem seine Stund geschlagen,
die ihm bestimmt war bei Geburt und Tod.

Wir alle müssen uns zum Gehen schicken,
und stündlich naht auch mir der Todestag.
Du aber wirst getreulich weiterticken,
bis einst auch du getan den letzten Schlag.

„Der Sänger vom Wildhorn"
Gottfried Reichenbach

Der Lügner

Oft kommen Leute mit Uhren in mein Atelier, um diese zum Verkauf anzubieten. Manchmal sind es einfache Regulatoren, Neuenburger Pendulen, Kuckucksuhren, manchmal auch Comtoise- oder Lackschild Uhren. Ohne auf den materiellen Wert einer Uhr zu schauen, frage ich immer nach der Herkunft der Uhr, ob es ein Familienstück sei oder ob es sich um einen Kauf bei einem Trödler handelt. Bei Familienstücken konnte ich die Person, welche die Uhr loswerden und zu Geld machen wollte, schon oft überzeugen, diese bei allen Familienmitgliedern anzubieten, und fast immer freute sich jemand, dass dieses Erbstück nicht in fremde Hände kam.

In über 20 Jahren am Arbeitstisch im Uhrenatelier erlebt man viel Spannendes, Schönes, Trauriges aber auch Komisches und Freches. Manchmal besuchte ich in Thun den grossen Trödlermarkt, wo ich einmal eine etwas spezielle Uhr sah, welche ich genauer ansah. Eine Uhr, die auf den ersten Blick sehr alt aussah, jedoch beim genaueren Hinsehen als eine billige Kopie zu erkennen war. Der Verkäufer der Uhr war sehr fair und bot diese für hundert Franken an. Ich merkte mir einige Merkmale dieser Uhr, da schon oft nach der Broccante in Thun neu erworbene Objekte zur Reparatur gebracht wurden. Etwa zwei Wochen später kam ein sehr elegant gekleideter älterer Herr ins Atelier, der mir eine Uhr zum Verkauf anbot. Sie sei aus seiner Familie, ein Erbstück, welches schon sein Urgrossvater an der Wand hängen hatte, der es auch von seinen Vorfahren erbte. Ich schaute die Uhr an und erkannte sofort, dass es die Uhr war, die ich in Thun beim Trödlermarkt anschaute. Ich fragte ihn nach dem Preis, den er für dieses Stück haben möchte. Er zierte sich ein wenig und erklärte mir, dass er sich nur mit Mühe von diesem besonderen Erbstück trennen könne. Da er aber in eine kleinere Wohnung umziehe und weniger Platz habe, müsse er diese Uhr schweren Herzens abgeben. Von seine Eltern habe er vernommen, dass diese Uhr einen Wert von 5500 Franken habe, er würde sie mir jedoch für 4500 Franken verkaufen. Für einen kurzen Augenblick stockte mir der Atem, wie kann jemand so verlogen und gemein sein? Ich war von dieser Person sehr enttäuscht, da konnte auch sein eleganter Anzug, die teure Armbanduhr und sein penetrantes Parfum nicht helfen. Noch wusste ich nicht, was ich ihm sagen sollte. Da ich keine Uhren ankaufe, wäre das die einfachste Antwort gewesen, aber ich musste diese Gemeinheit aufdecken. Ich nahm allen Mut zusammen und fragte ihn, ob er diese Uhr schon einem Trödler zum Verkauf angeboten hatte, der diese in Thun aber nicht verkaufen konnte. Seine Gesichtsfarbe wechselte von eher bleichfarben zu einem starken Rot. „NEIN!“ Das sei ein Erbstück aus der Familie. Jedoch sagten seine zittrige Stimme, seine schweissnassen Hände und der hochrote Kopf mehr als seine verlogenen Worte. Auch ein letzter Versuch, seine Lüge aufrecht zu halten, scheiterten, nachdem ich ihm den Namen des Trödlers nannte und an der Uhr aufzeigen konnte, dass die Uhr nur etwa fünfundzwanzig Jahre alt sein kann. Seine Hände zitterten, die zu Beginn des Gesprächs kräftige, markante Stimme verwandelte sich in ein leises, schwaches Stimmchen und die Farbe wechselte in eine Schamröte. Er versuchte noch etwas zu stottern, er hätte die falsche Uhr von zu Hause mitgenommen, er wollte doch die andere usw.

Ich versuchte ihn zu trösten, indem ich sagte, dass schon andere mit diesem Trick zu Geld kommen wollten und es eben gar nicht so einfach sei, 100 Franken in 4500 Franken zu verwandeln. Er nahm seine Billiguhr, versuchte noch etwas, das wie eine verkappte Entschuldigung tönte, jedoch mehr eine Rechtfertigung war, und verliess mein Atelier. Mit einem langsamen müden Schritt, einem hängenden Kopf und, so hoffte ich wenigsten, mit Schamgefühl, ging er zu seinem grossen, sehr teuren Mercedes.

Vom Umgang mit der Zeit

Im Jahr 2000 wurde ich angefragt, beim „Zischtigzmorge“ im Kirchgemeindehaus in Spiez einen Vortrag über die Zeit zu halten. Aus diesem Vortrag mit dem Titel „Die wichtigste Zeit ist die Gegenwart“ wurde im Jahr 2016 ein Vortrag, den ich „Der philosophische Umgang mit der Zeit“ nannte, aus dem schlussendlich ein Text und ein weiterer Vortrag, „Vom Umgang mit der Zeit“, herauswuchs.

Nach beinahe fünfundzwanzig Jahren Umgang mit Uhren und vor allem deren Reparatur, aber auch mit Menschen und vielen Gesprächen über Uhren und Zeit und über den Umgang mit Uhren und Zeit, brachten mich zum Nachdenken und Philosophieren. Dieser kurze Text ist das Ergebnis von vielen einsamen Stunden in meinem Atelier, umgeben von vielen Uhren und meinen Gedanken zur Zeit und dem sinnvollen Umgang mit derselben. Dabei stellte sich die Frage, ob wir es verstehen, mit der Zeit umzugehen, oder ob die Zeit mit uns umgeht? Kann man überhaupt mit der Zeit umgehen? Was ist Zeit? Ist Zeit messbar? Obschon ich seit vielen Jahren „Zeitmessgeräte“ repariere, stellt sich die Frage, ob Zeit denn überhaupt messbar sei? Kann man Zeit messen?

Meine Gedanken habe ich stets zu Papier gebracht und unter dem Titel „Der grosse Irrtum im

Umgang mit der Zeit“ zusammengefasst. So gebe ich diesen Text auch weiter. Gedanken, welche mich während der Arbeit nicht mehr losliessen, wurden so aufgeschrieben, wie sie in mir emporwuchsen. So werden einige Wiederholungen vorkommen, was jedoch meine volle Absicht ist.

Der grosse Irrtum im Umgang mit der Zeit

Ein Irrtum ist schon der Titel dieses Textes. Was ist Umgang mit der Zeit? Kann mit der Zeit umgegangen werden? Oder geht die Zeit mit uns um? Kann die Zeit umgehen? Und schon sind wir beim ersten grossen Irrtum: Dem Irrtum mit der Zeitumstellung. Jedes Jahr im Frühling und im Herbst werden wir von den Massenmedien, Radio, TV, Zeitungen usw., aufgefordert, die Zeit umzustellen. Ein Unterfangen das nun absolut niemand kann. Kein Mensch kann die Zeit umstellen! Die Zeit ist nicht manipulierbar. An der Zeit kann nicht herumgeschraubt oder gedreht werden! So kann die Zeit weder vor- noch zurückgedreht werden. Die Zeit geht weder vor noch nach. Sie ist keine Materie, die verändert werden kann, auch kann über die Zeit nicht bestimmt oder verfügt werden. Niemand kann Zeit nehmen oder Zeit geben. Niemand ist im Besitz von Zeit.

Zeit ist nicht messbar. Nur materielle Dinge sind messbar. Die Zeit hat keinen Beginn und kein Ende, ist keine Materie und somit auch nicht handelbar. Sie ist nicht käuflich, somit kann niemand Zeit in Besitz nehmen. Nur materielle Dinge sind messbar, so die Umdrehung der Erde oder von Vollmond zu Neumond. Bei der Sonnenuhr können wir den Weg der Umdrehung der Erde messen, den Weg, den der Schatten zurücklegt, ist messbar und kann in Stunden und Minuten angegeben werden. Somit ist nicht die Zeit messbar, sondern die Umdrehung der Erde. Auch bei der Wasseruhr, bei der eine bestimmte Menge Wasser von einem Glas in ein anderes fliesst, ist nicht die Zeit, sondern die Menge Wasser messbar, die in Stunden und Minuten umgerechnet werden kann, dasselbe bei der Sanduhr. Die Menge Sand, die von einem Glas durch eine kleine Öffnung in ein anderes Glas rinnt, ist messbar und kann in Stunden und Minuten angegeben werden. Zeit kann weder fliessen noch rinnen oder wie der Schatten bei der Sonnenuhr einen gewissen Weg zurücklegen. Zeit ist nicht messbar. Auch wenn das Wort Zeitmessen zu unserem Wortschatz gehört, Zeitmessinstrumente hergestellt und repariert werden, und Bücher zur Zeitmessung im Handel angeboten werden. Messen hat etwas mit Veränderung zu tun. Eine Distanz von einem Punkt zu einem anderen. Messen braucht ein Messinstrument, welches man irgendwo ansetzen kann, es braucht einen Messstock, eine Waage, eine sichtbare Veränderung oder den Weg, den die Uhrzeiger auf dem Zifferblatt anzeigen. Messen ist nur im Zusammenhang mit Materie möglich. Zeit ist keine Materie. Nur Materie kann verändert und somit gemessen werden und ist durch die Veränderung messbar. Zeit ist nicht veränderbar, kann nicht durch Menschenhand verändert werden und ist dadurch nicht messbar. Die Uhr misst nicht die Zeit, sondern den Weg, den die Uhrzeiger auf dem Zifferblatt gehen. Abgestimmt nach dem Weg der Erde um die Sonne, der von der Sonnenuhr in Minuten und Stunden eingeteilt wurde. So können Sekunden, Minuten, Stunden, Tage, Wochen, Monate und Jahre gemessen werden, messbar, weil Materie sichtbar und messbar ist. Die Zeit jedoch ist weder sichtbar noch messbar.

Zeit kommt nicht und geht nicht, sie ist immer da. Für alle, für alle immer und immer exakt gleich viel, ohne die geringste Ambition, gemessen oder in Geld umgerechnet zu werden. Zeit kann nicht da sein und auch nicht weg sein. Zeit ist eben Zeit und nicht mess- oder erfassbar. Zeit ist davor, jetzt und danach. Zeit ist gestern, heute und morgen. Zeit ist Vergangenheit, Gegenwart und Zukunft. Ohne Beginn und ohne Ende. Wenn die Zeit messbar wäre, könnte sie im Frühling und im

Herbst umgestellt werden. Ist sie aber nicht. Kann weder gemessen noch umgestellt werden. Das ist somit der Grund, warum der Mensch nicht mit der Zeit umgehen kann. Weil er versuchte, aus Zeit Geld zu machen, machte er die Nacht zum Tag, wiedersetzte sich der natürlichen Gesetzgebung, wurde reich an Gütern, die er nicht braucht und arm an Lebensinhalt.

Obschon der Mensch weder Zeit nehmen noch Zeit geben kann, sagt er oft. „Ich nehme mir Zeit“. Er nimmt sich etwas, das niemand nehmen kann. Oder er sagt: „Ich gebe dir Zeit“, das ist der gleiche Unsinn. Man kann nichts geben, was einem nicht gehört, das nicht sein Eigen ist. Zeit gehört weder dir noch mir. Zeit kann man nicht besitzen, nicht nehmen, nicht stehlen, nicht kaufen.

Die Zeiger der Uhr zeigen die Umdrehung der Erde mittels eines Uhrwerks, von einem Sonnenhöchststand bis zum nächsten Sonnenhöchststand an. Diese Umdrehung wurde der Berechnung wegen mit 24 Stunden angegeben. Um eine bestimmte Arbeit auszuführen, brauchen wir eine bestimmte Anzahl Stunden. Wir brauchen nicht Zeit, sondern Stunden, weil nur Stunden messbar sind, nicht aber die Zeit. So werden wir auch für die Anzahl Stunden, die wir gearbeitet haben, bezahlt und nicht für die Zeit, welche absolut nicht bezahlt werden kann.

Zeitverschiebung! Auch etwas, was es absolut nicht gibt. Zeit kann nicht verschoben werden, da sie keine Materie ist. Und trotzdem wird von Zeitverschiebung gesprochen, wenn man von den Differenzen der Zonen und ihren Stundenangaben spricht. Es können sogar Pillen für die Probleme bei Flügen mit „Zeitverschiebung" gekauft werden. Dabei wird von „Jetlag" gesprochen, etwas ganz Natürliches. Jetlag ist, so wie ich es sehe, der Zustand, wenn die Seele dem Körper mutwillig entrissen wird. Der Mensch, der Körper wird eingecheckt, wird verladen, wird mit sehr grosser Geschwindigkeit transportiert und nach Stunden, nach Überwindung grosser Distanzen wieder hingestellt. Der Körper ist nach einigen Stunden an dem Ort, wohin ihn das Flugzeug brachte. Aber wo ist die Seele? **Nur zu Fuss kommt die Seele mit!** Eine Aussage die zum Nachdenken anregen soll! Was ist mit unseren Politikern, mit unseren Wirtschaftsführern, die rund um die Welt jetten, von einer Konferenz zur nächsten, wo sie leere Worthülsen über Konferenztische schleudern. Worte, die oft nur abprallen, weil keiner zuhört, weil noch keine Seele da ist, die aus Worten sinnvolle Sätze bilden könnte, weil noch keine Seele da ist, in der die Worte Frucht tragen könnte. Jetlag ist der Zustand, wenn der Körper vorauseilt und die Seele nicht nachkommt.

Das Wort Zeit wird für alles Mögliche missbraucht. Man sagt Zeit und meint Stunden. Man sagt Zeit und meint Geld. Man sagt Zeit und meint seine eigene Person. Viele sind der Meinung, nur die „eigene Zeit" ist von grosser Wichtigkeit, die „Zeit" des Mitmenschen ist unwichtig. Zeit wird zum persönlichen Eigentum.

Zeit ist nur ein Wort, mit dem man etwas beschreiben will, das man nicht beschreiben kann.

Was ist Zeit? Eine Frage, die ich nicht beantworten kann. Eine Frage, die jeder für sich ganz alleine zu beantworten versuchen soll.

Möge es gelingen, dass der Leser dieses Büchleins mit den Stunden, welche ihm geschenkt sind, die richtige persönliche Entscheidung trifft. Mein Lieblingslehrer aus Interlaken, Herr Freidig, pflegte zu sagen: „Es dürfe keine Seite aus einem Heft herausgerissen werden, da auch aus dem Leben keine Seite herausgerissen werden kann."

So ist es auch mit den Stunden. Jede gelebte Stunde, alles in der Stunde gewesene, all unsere Entscheidungen und Taten, werden zu einem Teil unseres Lebens und werden uns bis zur letzten Stunde begleiten. Nutzen wir doch unsere Stunden so, damit wir am Schluss unserer Stunden mit Stolz auf diese zurückschauen dürfen.

Vom Autor Arthur Maibach erschienen im Rediroma Verlag:

Katzenstein Eine Entmythologisierung des Kindlisteins und ein Mahnmahl der Frauenunterdrückung, 2015

Spiezer Winzer in der Pfalz und Massenauswanderung aus dem Berner Oberland, 2016

Der Wunderbrunnen von Einigen und die Wallfahrt am Thunersee, 2016

Eine Hinrichtung in Einigen? Und Reformation kontra Täufer, 2017

Der Autor

Arthur Maibach, 1953, Genealoge und Buchautor, lebt und arbeitet in Einigen und Spiez am Thunersee, Inhaber eines Uhrenrestaurierungsatelier. Akademiestudium der Geschichte, FernUni Hagen. Lehrgang „Geschichte im Zeitspiegel“ mit Abschlusszeugnis, Studiengemeinschaft Darmstadt. Lehrgang „Ahnenforschung professionell gemacht“, mit Abschlusszeugnis, SGD. Er ist Verfasser einer Biografie (Hans Müller Einigen), des Heimatbuches „Einigen, der schönste Punkt der Welt“, verschiedener Texte in Büchern und Zeitschriften und der Reihe „Spiezer Veröffentlichungen für Geschichte und Heimatkunde“.